Isaac Asimov

les vols spatiaux habités

texte français de Robert Giraud

bibliothèque de l'univers

Père Castor
Flammarion

Sommaire

Titre original : *Piloted Space flights*

Loi n° 49-956 du 16 juillet 1949 sur les publications destinées à la jeunesse

Introduction

Les hommes, à notre époque, ont vu les planètes en gros plan. Un engin a atteint tout récemment la si lointaine Neptune.
Nous avons dressé la carte de Vénus malgré sa couverture de nuages, aperçu des volcans éteints sur Mars et d'autres en activité sur Io, l'un des satellites de Jupiter. Nous avons repéré des objets bizarres, tels que les quasars, les pulsars et les trous noirs. Non contents de regarder les étoiles grâce à leur lumière visible, nous étudions également les autres radiations qu'elles émettent : infrarouges, ultraviolets, rayons X, ondes radio.
Nous avons même détecté d'infimes particules, appelées neutrinos, qui proviennent d'étoiles explosant dans d'autres galaxies.
Le plus fantastique demeure néanmoins l'irruption de l'homme dans l'espace extraterrestre. Le vieux rêve de tant d'écrivains et d'artistes est enfin devenu réalité.
De courageux pionniers ont décrit des orbites circulaires autour de la Terre, puis ils ont pris pied sur un autre corps céleste.
Vous pourrez voir dans ce livre comment se préparent et se déroulent les vols spatiaux.

Les premiers pas

Depuis longtemps, les hommes savent fabriquer des fusées. Les Chinois en lançaient déjà il y a plus de 700 ans. Mais cela ne fait que quelques dizaines d'années que les scientifiques ont eu l'idée d'en pointer vers le ciel. Durant la Seconde Guerre mondiale, l'Allemand Wernher von Braun a créé des engins capables de parcourir des centaines de kilomètres. Après le conflit, les altitudes atteintes par les fusées n'ont cessé de croître, jusqu'à ce qu'en 1957, l'Union soviétique s'en serve pour mettre un satellite artificiel en orbite. Si l'on construit un satellite assez grand, on peut y placer un être humain. Et c'est ainsi que, le 12 avril 1961, un vaisseau spatial soviétique a fait faire à Iouri Gagarine le tour du monde et l'a ramené sans encombre sur terre. Le premier Américain à suivre son exemple fut Alan B. Shepard, qui accomplit un vol suborbital (brève incursion dans l'espace sans satellisation autour de la Terre) le 5 mai 1961. Puis, toujours la même année, le 6 août, un deuxième Soviétique, Guerman Titov, fit 17 fois le tour du globe. Enfin, le 20 février 1962, l'Américain John Glenn décrivit trois orbites circumterrestres. Les voyageurs de l'espace ont reçu en URSS le nom de cosmonautes, et aux Etats-Unis celui d'astronautes. Leurs collègues français sont fréquemment appelés des spationautes.

Encart de gauche : le premier homme de l'espace, le Soviétique Iouri Gagarine.

Encart de droite : le véritable premier Américain de l'espace n'est-il pas le chimpanzé Ham, qui a effectué un vol suborbital avant tous ses cousins humains ? Rassurez-vous : il est revenu sain et sauf sur Terre.

Grande photo : Alan B. Shepard récupéré en plein Atlantique par un hélicoptère après son vol à bord de Mercury.

Les sorties dans le vide

Les hommes n'allaient pas demeurer bien longtemps enfermés dans leurs vaisseaux. Le 18 mars 1965, le cosmonaute Alekseï Leonov sortit de son vaisseau; relié à celui-ci par un câble, il flotta pendant dix minutes entre la Terre et les étoiles. Ce fut la première «marche» dans l'espace. Le 3 juin suivant, Edward H. White quitta un engin américain pour une promenade de vingt et une minutes. Son scaphandre lui assurait la fourniture d'oxygène et le maintien d'une température supportable. Le plus long séjour hors d'un vaisseau, 6 h 10 mn, fut assuré par le Français Jean-Loup Chrétien en 1988 lors d'une mission franco-soviétique.

▼ Le scaphandre des astronautes ne sert pas qu'à les alimenter en oxygène. Il arrête les mini-météorites, filtre les intenses radiations solaires et maintient une température constante. Les premiers essais des nouveaux modèles de combinaisons de la NASA sont réalisés en piscine, comme on le voit sur cette photo.

►► En avant, marche ! En 1984, Svetlana Savitskaïa, deuxième femme cosmonaute, fut la première à sortir d'un vaisseau.

► L'astronaute Edward H. White, de la mission Gemini 4, fait, lui aussi, un petit tour à l'extérieur.

Cap sur la Lune

Le Président des Etats-Unis, John F. Kennedy, voulait que des citoyens de son pays se posent sur la Lune avant la fin des années 60. Mais toute précipitation était à exclure. Les Américains commencèrent, avec le programme Gemini, par tester des engins à deux places, avant de passer aux vaisseaux à trois places du type Apollo. Ils devaient aussi mettre au point les techniques des rendez-vous en orbite, de l'approche et de l'arrimage de deux vaisseaux entre eux. Le premier arrimage fut réalisé en mars 1966 entre Gemini 8 et un vaisseau sans équipage. Les Etats-Unis procédèrent à plusieurs tirs d'engins automatiques qui se rapprochèrent de plus en plus de la Lune et finirent par la survoler à basse altitude, puis par l'atteindre. L'Union soviétique, elle aussi, s'intéressait à la Lune. Elle fut la première à en photographier la face cachée, puis, en septembre 1959, à y poser un vaisseau inhabité. Mais l'objectif des Etats-Unis était d'y amener des hommes. Ils terminèrent leurs préparatifs en 1962.

1. Les astronautes de la mission Apollo 12 prirent pied à 180 mètres de Surveyor 3, qui s'était posé sur la Lune deux ans auparavant.

2. La sonde automatique Lunar Orbiter scrute la surface lunaire à la recherche d'un terrain d'atterrissage.

3. Le premier engin soviétique (figuré ici sur un timbre-poste polonais) à s'être posé sur la Lune.

2

3

Le bond de géant

Enfin, le vaisseau Apollo 11 fut déclaré bon pour l'alunissage. Il avait trois hommes à son bord : Neil Armstrong, Edwin E. Aldrin et Michael Collins. Le lancement eut lieu le 16 juillet 1969. Après quatre jours de route, l'engin se plaça en orbite autour de sa cible. Tandis que le module lunaire Eagle, conduit par Armstrong et Aldrin, amorçait sa descente, Collins demeura en orbite dans le module de commande Columbia.
Le 20 juillet 1969, à 21 h 17 (heure de Paris), Neil Armstrong foula le premier le sol lunaire. Des millions de Terriens, grâce à la radio et à la TV, l'entendirent alors prononcer : «Un petit pas pour l'homme, mais un bond de géant pour l'humanité.»

◀ Aldrin réglant des expériences pendant le bref séjour d'Apollo 11 sur la Lune.

▼ L'équipage d'Apollo 11, mis en quarantaine à son retour pour le cas d'une contamination par des germes extraterrestres, reçoit les félicitations du président Nixon.

?

● De la vie là-haut ? Allons vérifier !

La présence de vie en dehors de la Terre est une question qui passionne toujours les gens. Nous sommes sûrs qu'il n'y en a pas sur la Lune. Nos instruments nous disent que c'est la même chose pour Mars, mais cela ne ferait pas de mal d'aller nous rendre compte par nous-mêmes. L'un des satellites de Jupiter, Europe, est recouvert d'un immense glacier. Sous ce glacier se trouve peut-être de l'eau, et dans cette eau, de la vie. Neptune possède un satellite, Titan, qui est enveloppé d'une épaisse atmosphère. Et s'il y avait de la vie à sa surface ? Le mieux n'est-il pas d'aller voir ?

USA
NASA
Discovery
804

Un vaisseau réutilisable

Les fusées spatiales ordinaires ne servent qu'une fois. Dans le but de faire des économies, les Etats-Unis, puis l'Union soviétique et, tout récemment, l'Europe se sont mis à étudier des appareils capables d'effectuer plusieurs voyages. Ces appareils ont reçu le nom de navettes spatiales. La première navette américaine, Columbia, fut lancée le 12 avril 1981, pour le vingtième anniversaire du vol de Gagarine. Le 15 novembre 1988, l'URSS expérimenta la navette sans équipage, Bourane. L'Europe a en chantier l'avion spatial Hermès. Les missions de ces navettes seront liées à la réalisation des stations orbitales du futur.

1. La navette américaine Discovery décolle de cap Canaveral.

2. Les essais de premiers modèles, tel le HL-10 Lifting Body, représenté ici ont permis de mettre au point les navettes américaines.

3. Un artiste a peint ainsi la navette soviétique Bourane (en russe : tempête de neige) fonçant vers son orbite.
En encart : L'ESA (Agence spatiale européenne) se prépare à réaliser une mini-navette nommée Hermès (dessin).

1

◀ L'accueil enthousiaste réservé à des astronautes à leur retour sur Terre. Les explorateurs de demain seront-ils autant choyés quand ils nous reviendront de lointaines planètes ?

▼ Un artiste a représenté ainsi une exploitation minière à la surface rougeâtre de Mars.

Dépasser Mars

Se rendre sur Mars et en revenir serait déjà un exploit. Mais Mars n'est encore qu'une des planètes *internes*. Viennent ensuite les astéroïdes, puis les géantes Jupiter, Saturne, Uranus et Neptune, enfin la minuscule Pluton et les comètes lointaines. La sonde Voyager 2 a déjà parcouru les régions externes du système solaire. Elle a survolé successivement les quatre planètes géantes et a recueilli de précieuses informations sur chacune d'elles. Lancée le 20 août 1977, Voyager a mis douze ans pour atteindre Neptune. Douze ans, c'est beaucoup, si l'on compare à la durée d'une vie d'homme. Des astronautes seraient-ils capables de tenir aussi longtemps dans l'espace ? Rien ne permet de l'affirmer. Le jour viendra peut-être, heureusement, où seront construits des vaisseaux plus grands, plus confortables et plus rapides.

1

1. Il est des animaux, tels le bernard-l'ermite (sur la photo) qui transportent leur maison sur leur dos. Nous pourrions nous inspirer de leur exemple pour nos randonnées dans le cosmos.

2. Une colonie spatiale s'éloigne de la Terre en direction d'un système solaire prometteur. Elle est animée d'un mouvement de rotation autour de son grand axe. Les occupants de l'anneau ressentent donc une gravité normale.

3. Pas besoin de rester éveillé durant tout le voyage. Une partie des équipages pourrait se mettre en hibernation, pour se réveiller seulement à l'approche du but (comme on le voit sur cette image tirée du film *Alien*).

3

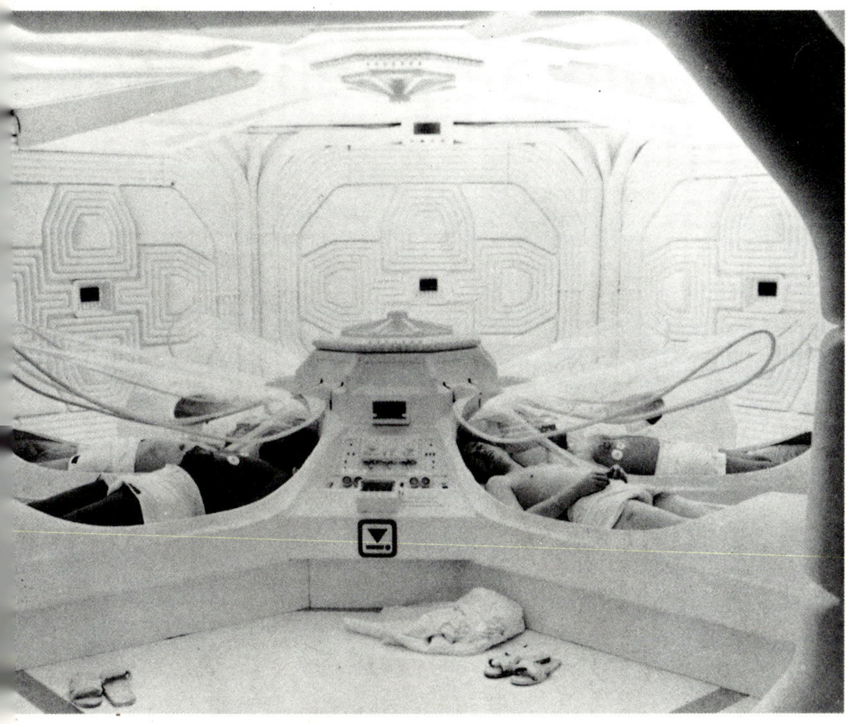

Les étoiles peuvent encore dormir tranquilles

L'étoile la plus proche est 7 000 fois plus éloignée de nous que Pluton. La meilleure façon de visiter ces astres est peut-être, tout simplement, de dire un adieu définitif à la Terre et de se mettre en état de voyage permanent. A bord des vaisseaux, les générations se succéderont les unes aux autres, sans avoir jamais connu d'autre environnement que leur habitat mobile. Le dépaysement sera leur état normal. Et quels panoramas de l'Univers elles pourront admirer !

Des pilotes de l'espace, pour quoi faire ?

Voyager 2 a accompli un travail fantastique sans personne à son bord. Le fonctionnement d'un engin non piloté revient incomparablement moins cher. Il ne nécessite pas de systèmes de survie. Si un accident s'y produit, on n'a pas à redouter les conséquences dramatiques de la dépressurisation du vaisseau soviétique Soyouz 11 le 30 juin 1971, qui coûta la vie à trois cosmonautes, ou de l'explosion de la navette Challenger avec sept personnes à bord le 28 janvier 1986. Les télescopes et appareils d'investigation modernes prolongent notre regard pratiquement jusqu'aux frontières de l'Univers. Si des équipements placés en orbite autour de la Terre nous renseignent autant sur l'espace qu'un vaisseau habité, pourquoi donc exposer des hommes aux risques d'une mission sur Mars ? Bien des réponses sont possibles. Mais celle qui, manifestement, s'impose, c'est que les hommes *veulent* y aller. Ne serait-ce que par goût de l'aventure. Allons, regardons ensemble la réalité en face : qui préféreriez-vous voir évoluer à la surface d'un astre lointain ? Un homme, votre semblable, ou bien un robot ?

1 Des robots prêts à tout affronter

Les hommes ne peuvent aller partout. Sur Vénus, la température est si élevée que le plomb et l'étain y fondraient, et son atmosphère est corrosive. Les planètes géantes ont des atmosphères si denses qu'elles sont infranchissables à des êtres humains. Nous avons donc tout intérêt, pour explorer ces astres, à utiliser des robots, moins fragiles que nous. La découverte de l'Univers associera toujours inévitablement explorateurs vivants et machines.

2

1. Une mission soviétique prévue vers Mars utilisera un ballon pour faire voler un robot en rase-mottes au-dessus de la planète. Le robot touchera terre tous les soirs pour recueillir des échantillons de sol.

2. Le centre de contrôle de l'ESA (Agence spatiale européenne) pour le suivi du vol d'une sonde vers la comète de Halley.

3. La sonde orbitale Viking, qui atteignit Mars en 1976, nous en a fourni des clichés très précis. Son module de descente y a atterri et nous a transmis des photos de sa surface. En encart : le robot soviétique Lunokhod avait sillonné la surface de la Lune en exécution d'ordres venus de la Terre.

3

Quelques repères

L'espace sur Terre

1

Une chose est de voir des films sur les vols spatiaux pilotés. Mais n'est-il pas beaucoup plus excitant de plonger soi-même dans les images, les sons, les sensations, d'un voyage dans l'espace ? Seulement, il n'est pas donné à tout le monde — au moins pour l'instant —, de participer à une mission spatiale. Les candidats doivent satisfaire à des conditions de sélection rigoureuses, recevoir la formation et l'entraînement voulus. La plupart d'entre nous devront donc se contenter de regarder de loin. Si vous rêvez malgré tout d'être astronaute, ou au moins de connaître les frissons d'un vol cosmique, ne vous désespérez pas trop vite. Il existe maintenant dans le monde, aux Etats-Unis, au Japon et même en France des camps qui, avec des simulateurs, des appareils et des projections, vous permettront d'accéder directement à certaines des joies et des sensations de l'espace. Vous trouverez ci-dessous la liste de plusieurs de ces camps en France et à l'étranger. Ils sont d'abord, mais pas uniquement, destinés aux enfants. L'inconvénient est qu'un séjour y coûte assez cher.

2

3

4

1. Gymnase spatial
2. Travaux en micro-gravité lunaire
3. Bassin d'entraînement (simulation d'impesanteur)
4. Scooter spatial

Space Camps de Huntsville et de Titusville en Floride, aux Etats-Unis, et de Yawata au Japon

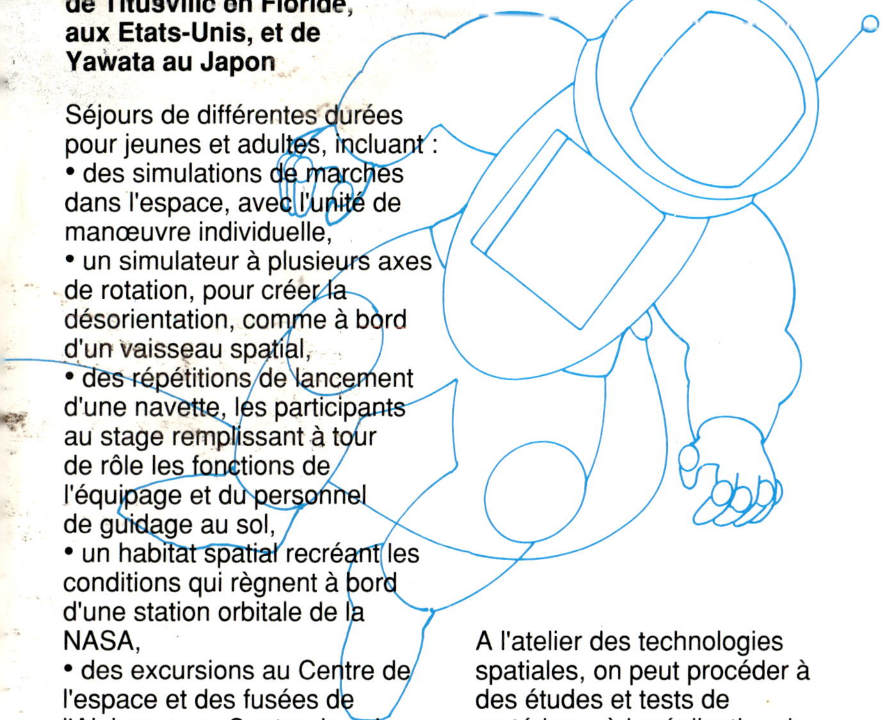

Séjours de différentes durées pour jeunes et adultes, incluant :
- des simulations de marches dans l'espace, avec l'unité de manœuvre individuelle,
- un simulateur à plusieurs axes de rotation, pour créer la désorientation, comme à bord d'un vaisseau spatial,
- des répétitions de lancement d'une navette, les participants au stage remplissant à tour de rôle les fonctions de l'équipage et du personnel de guidage au sol,
- un habitat spatial recréant les conditions qui règnent à bord d'une station orbitale de la NASA,
- des excursions au Centre de l'espace et des fusées de l'Alabama, au Centre de vol spatial de la NASA à Marshall (Alabama) et au Centre spatial Kennedy, en Floride.

Le Space Camp japonais offre de surcroît des visites de musées, des spectacles au théâtre, des promenades.

Adresse : Alabama Space et Rocket Center
Space Camp Applications
Tranquility Base
Huntsville, Alabama 35807
(Etats-Unis)

Space Camp de Patrick Baudry (France)

Centre de préparation à la vie dans l'espace, aves simulation de travaux et micro et hypergravité.
L'entraînement se déroule à l'aide des équipements utilisés par les spationautes : siège rotatif, fauteuil trois axes, siège balançoire, centrifugeuse, piscine.

A l'atelier des technologies spatiales, on peut procéder à des études et tests de matériaux, à la réalisation de maquettes d'engins spatiaux. Les stagiaires sont répartis en groupes de huit pour réaliser la simulation complète d'un programme de vol, du lancement à l'atterrissage.

Adresse :
Espace Développement
B.P. 76
06322 Cannes-La-Bocca Cedex
Tél. (16) 93 47 68 02

Shuttle Camp (Etats-Unis)

Séjour d'une ou plusieurs journées proposant :
- construction et lancement de modèles de fusées,
- repas avec menus spatiaux,
- manipulation d'équipements spatiaux (tuiles de protection de navettes, casques d'astronautes...),
- simulation subaquatiques de la microgravité
- excursions au pas de tir de White Sand et à la Base aérienne de Holloman.

Adresse : Shuttle Camp
Space Center
Alamogordo, New Mexico 88311
(Etats-Unis)

Pacific Rim Spaceflight Academy (Etats-Unis)

- Entraînement à la survie dans le désert,
- équipement d'entraînement à la microgravité en milieu aquatique,
- vols en hélicoptère et avion.

Adresse : Pacific Rim Spaceflight Academy
Oregon Museum of Science and Industry
4015 SW Canyon Road
Portland, Oregon 97221
(Etats-Unis)

Que lire, que visiter, où se renseigner ?

Si vous vous sentez une vocation de spationaute,

Lisez :

- *Explorons l'espace*, par Roland Guillemard, éditions Rouge et Or, 1990 ;
- *Vivre en apesanteur*, par Claude Lafleur, éditions du Trécarré, 1989,

que vous consulterez dans une bibliothèque ou demanderez à votre libraire.

Allez visiter :

en France :

- le palais de la Découverte, à Paris, Grand Palais, métro Franklin-D.-Roosevelt ou Champs-Élysées-Clemenceau ;
- la Cité des Sciences et de l'Industrie de la Villette, à Paris, métro Porte de la Villette ;
- l'observatoire le plus proche de votre localité. Pour connaître son adresse, écrivez à l'Observatoire de Paris, 61, avenue de l'Observatoire, 75014 Paris.

Et, si vous habitez le **Canada :**

- Planétorium Dow 1000 ouest, rue St-Jacques Montréal, Qc H3C 1G7 ;
- Ontario Science Centre, 770, Down Mills Road Toronto, Ontario M3C 1T3 ;
- Royal Ontario Museum, 100, Queen Park, Toronto, Ontario M5S 2C6 ;
- National Museum of Natural Sciences, Coin McLeod et Metcalfe Ottawa, Ontario K1P 6P4 ;

Si vous voulez connaître les **clubs d'astronomie** de votre région, adressez-vous aux associations suivantes :

en France :

- Association française d'astronomie, tél. (1) 45 89 81 44 ;
- Société astronomique de France, tél. (1) 42 24 13 74 ;

en Belgique :

- Cercle astronomique de Bruxelles (CAB), 43, rue du Coq, 1180 Bruxelles;
- Société astronomique de Liège (SAL) Institut d'astrophysique, avenue de Cointe 5 4200 Cointe-Liège, tél. 041/52 99 80 ;
- Société royale belge d'astronomie, de météorologie et de physique du globe (SRBA) Observatoire royal de Belgique, avenue Circulaire 3 1180 Bruxelles tél. 2/373 02 53

en Suisse :

- Société astronomique de Suisse (SAS), Hirtenhofstrasse 9, 6006 Lucerne ;
- Société vaudoise d'astronomie (SVA), chemin de Pierrefleur 22, 1004 Lausanne ;

au Québec :

- Société astronomique de Montréal, tél. (514) 453 0752.

Ecrivez :

- à l'Association française d'astronomie, 17, rue Émile-Deutsch-de-La-Meurthe, 75014 Paris. Vous pouvez également expédier votre demande de renseignement à la boîte aux lettres du service SOSASTRO de l'Association française d'astronomie en faisant sur Minitel 3615, code AFA, puis en choisissant le service « Astronef » ;
- à la Société astronomique de France (SFA), 3, rue Beethoven, 75016 Paris.

Crédits photo : page de couverture, p. 4/5 et p. 4 (droite) : courtesy of NASA, (gauche) : James Oberg Archive ; p. 6 : courtesy of McDonnell Douglas Astronautics Company ; p. 6/7 : courtesy of NASA ; p. 7 : James Oberg Archive ; p. 8 et p. 9 (gauche) : courtesy of NASA, (droite) : from the collection of Ken Novak ; p. 10, p. 11 et p. 12 (haut) : courtesy of NASA ; p. 12 : courtesy of Rockwell International ; p. 13 (bas-gauche) : © Paul Dimare, (haut-droite) : courtesy of European Space Agency (ESA) ; p. 14 et p. 14/15 : james Oberg Archive ; p. 15 : courtesy of NASA ; p. 16 : James Oberg Archive ; p. 17 (les deux), p. 18, p. 18/19, p. 19, p. 20 (haut), p. 21 (les deux) : courtesy of NASA ; p. 20 (bas) : © Rick Karpinski/Dewalt and Associates, 1989 ; p. 22 : © Garret Moore, 1989 ; p. 22/23 : artwork by Pat Rawlings, courtesy of NASA ; p. 23 (haut) : courtesy of NASA ; p. 24 : © Ron Miller ; p. 24/25 : Photofest ; p. 25 : © Larry Lipsky, Tom Stack and Associates ; p. 26 : © Michael Carroll ; p. 27 (haut) : courtesy of European Space Agency (ESA), (milieu) : courtesy of NASA, (bas) : James Oberg Archive ; p. 28 (toutes) : © Société Espace Développement.

Lexique

Atome :
Plus petit composant isolable d'un corps simple. A l'état normal, les atomes se groupent en molécules (voir ce mot).

Cosmos :
Ce mot grec, qui signifie «monde», a été repris en russe pour désigner l'espace extraterrestre. C'est ainsi que c'est «cosmonaute», en russe, qui désigne les astronautes. Du russe, «cosmos» est passé dans de nombreuses autres langues.

Etoile à neutrons :
Une étoile dont la masse, celle d'une grosse étoile ordinaire, a été comprimée jusqu'à ne plus former qu'une petite boule.

Galaxie :
Vaste ensemble d'étoiles, d'astres accompagnant ces étoiles, de gaz et de poussière. Une galaxie peut compter jusqu'à dix milliards d'étoiles. Celle où nous nous trouvons s'appelle la Voie lactée.

Gravité :
Force d'attraction exercée par un corps céleste.

Hydrogène :
Gaz incolore et sans odeur, le plus simple et le plus léger de tous les éléments. Les étoiles sont composées aux trois quarts d'hydrogène.

Impesanteur (ou apesanteur) :
Etat dans lequel se trouvent les astronautes à bord de leur vaisseau spatial, sur orbite ou en route vers une autre planète, et qui leur donne l'impression de flotter.

Interstellaire :
On désigne couramment par espace interstellaire les régions de l'Univers situées en dehors du système solaire. En latin, *stella* signifie : étoile.

Ionique (moteur) :
Moteur dans lequel la masse à éjecter est préparée sous forme de plasma, puis accélérée dans un champ électrique, avant d'être rejetée vers l'arrière. La vitesse d'éjection est 10 à 15 fois plus grande que pour un réacteur à combustion. Mais, les masses éjectées étant faibles, les accélérations sont lentes.

Laser :
Appareil permettant d'émettre un faisceau de lumière cohérente et donc de concentrer des énergies élevées dans un espace très réduit.

Lunar Orbiters :
Engins spatiaux américains qui ont survolé la Lune et en ont photographié la surface, y compris celle de sa face arrière, qui n'avait jamais pu être vue avant les premiers clichés pris quelque temps auparavant par une sonde soviétique.

Microgravité :
On parle tantôt de gravité zéro, de zéro-G, d'impesanteur ou d'apesanteur, tantôt de microgravité, pour désigner l'état de chute libre, où le corps humain n'est pas soumis à l'action de la pesanteur.

NASA :
Agence pour l'aéronautique et l'espace. Prépare les vols spatiaux américains depuis 1958.

Orbite :
Trajectoire, de forme à peu près circulaire, parcourue dans l'espace par les corps célestes.

Plasma :
Quatrième état de la matière, au-delà du solide, du liquide et du gaz, dans lequel les atomes se retrouvent sous forme de ions porteurs d'une charge électrique.

Propergol :
Le ou les produits (ergols) dont la réaction chimique dégage l'énergie servant à propulser une fusée.

Recyclage des déchets :
Transformation que l'on fait subir aux déchets afin de pouvoir les réutiliser.

Skylab :
Grand laboratoire orbital à trois places, utilisé par les Etats-Unis en 1973-1974. A réalisé d'intéressantes observations du Soleil.

Sondes spatiales :
Satellites qui voyagent dans l'espace, photographient les corps célestes et se posent même sur certains d'entre eux.

Statoréacteur :
L'un des principaux types de moteur à réaction.

Vol parabolique :
Quand un avion, lancé sur une trajectoire fortement ascendante, se laisse aller «sans résistance» à l'action de la gravité terrestre pour qu'elle le ramène en piqué, il passe par une période comparable à la chute libre, qui dure environ 30 secondes. Ses occupants flottent alors dans l'habitacle.

Isaac Asimov

Né en 1920 en Russie, Isaac Asimov a suivi très jeune ses parents aux États-Unis, où il a fait des études de biochimie avant de devenir l'un des écrivains les plus féconds de notre siècle. On lui doit plus de quatre cents titres publiés dans des domaines aussi différents que la science, l'histoire, la théorie du langage, les romans fantastiques et de science-fiction. Sa brillante imagination et sa vaste érudition ont su lui gagner l'attachement de ses lecteurs, enfants comme adultes. Il a obtenu le prix Hugo de la science-fiction et le prix Westinghouse de l'Association américaine attribué à des ouvrages scientifiques. Il est surprenant de constater que de nombreuses anticipations d'Isaac Asimov se sont révélées prémonitoires. Et c'est là une des raisons de l'attrait qu'exercent ses textes.

Isaac Asimov a déjà beaucoup écrit pour les jeunes et son intérêt pour la littérature de jeunesse ne fait que croître avec les années. Passionné à traquer le savoir, il cherche à faire partager ses découvertes, à les redire avec ses mots à lui, en les rendant plus accessibles, plus facilement compréhensibles. Il possède de remarquables talents de pédagogue : sa plume, quand il traite de la science, est animée d'un tel enthousiasme pour son sujet qu'on ne peut s'empêcher de le partager. Mais Isaac Asimov ne se contente pas de transmettre des connaissances, il est profondément préoccupé par les conséquences que peut avoir la science sur le destin de l'homme.

" Mon message, c'est que vous vous souveniez toujours que la science, si elle est bien orientée, est capable de résoudre les graves problèmes qui se posent à nous aujourd'hui. Et qu'elle peut aussi bien, si l'on en fait un mauvais usage, anéantir l'humanité. La mission des jeunes, c'est d'acquérir les connaissances qui leur permettront de peser sur l'utilisation qui en est faite."

Isaac Asimov

La Bibliothèque de l'Univers

On comprend qu'avec de telles préoccupations, Isaac Asimov ait été amené à s'intéresser à l'espace, où se trouvent les clés de l'apparition et du maintien de la vie sur la Terre. Le cosmos a tout particulièrement inspiré les œuvres d'imagination d'Asimov, mais ce dernier lui a également consacré des études d'un niveau élevé.

Et voici que maintenant, Isaac Asimov s'est attelé à la rédaction d'une véritable Bibliothèque de l'Univers, source d'informations unique en son genre, qui englobe à la fois le passé, le présent et l'avenir. Pendant des mois de préparation, l'auteur s'est interrogé sur ce que sera l'espace quand nos enfants auront grandi. Ils seront témoins de l'établissement d'une station spatiale, de la lente mise en route d'exploitations minières sur le sol de la Lune. Ils suivront peut-être le vol d'une équipe mixte USA/URSS vers Mars.

La passion d'Asimov à «enseigner l'espace» n'est pas une fin en soi. *«Plus il y aura d'êtres humains captivés par la science,* écrit-il, *et plus notre société sera en sécurité.»*

Titres parus :

Les astéroïdes
Les comètes
ont-elles tué les dinosaures ?
Fusées, satellites et sondes spatiales
Guide pour observer le ciel
La Lune
Mars, notre mystérieuse voisine
Notre système solaire
Notre Voie lactée
et les autres galaxies
Pulsars, quasars et trous noirs
Saturne et sa parure d' anneaux
Le Soleil
Uranus : la planète couchée
La Terre : notre base de départ
Y a-t-il de la vie
sur les autres planètes ?
Comment est né l'Univers ?
Mercure : la planète rapide
Les objets volants non identifiés
Les astronomes d'autrefois
Vie et mort des étoiles
Jupiter : la géante tachetée
Science-fiction et faits de science
La pollution de l'espace
Pluton : une planète double ?
La colonisation
des planètes et des étoiles
Comètes et météores
Les mythes du ciel
Vols spatiaux habités
Neptune : la planète glacée

A paraître :

Vénus : un mystère bien enveloppé
Les programmes
spatiaux dans le monde
L'astronomie aujourd'hui
Le génie astronomique

Aubin Imprimeur Ligugé, Poitiers — X-1991 — Dépôt légal : novembre 1991 — N° d'édition 16705 — N° d'impression P38407 — ISBN : 2-08-161477-4 — ISSN : 1147-288-X